Chandan Deep Singh
Rajdeep Singh
Harleen Kaur

Implementação do Six-Sigma na indústria transformadora

Chandan Deep Singh
Rajdeep Singh
Harleen Kaur

Implementação do Six-Sigma na indústria transformadora

ScienciaScripts

Cover image: www.ingimage.com

This book is a translation from the original published under ISBN 978-620-2-02122-7.

Publisher:
Sciencia Scripts
is a trademark of
Dodo Books Indian Ocean Ltd. and OmniScriptum S.R.L publishing group

120 High Road, East Finchley, London, N2 9ED, United Kingdom
Str. Armeneasca 28/1, office 1, Chisinau MD-2012, Republic of Moldova, Europe
Printed at: see last page
ISBN: 978-620-7-78780-7

ÍNDICE DE CONTEÚDOS

CAPÍTULO 1

INTRODUÇÃO

Sigma Um termo utilizado em estatística que mede o desvio padrão. No mundo dos negócios, é uma indicação de defeitos nos resultados de um processo e até que ponto esses resultados se desviam da perfeição.

Seis Sigma Um conceito estatístico que mede um processo em termos de defeitos. No nível seis sigma, existem apenas 3,4 defeitos por milhão de oportunidades. Seis Sigma é também uma filosofia de gestão que se centra na eliminação de defeitos através de práticas que privilegiam a compreensão, a medição e a melhoria dos processos.

O Six Sigma é um conjunto de técnicas e ferramentas para a melhoria de processos. Foi desenvolvido pela Motorola em 1986. Jack Welch tornou-o central na sua estratégia empresarial na General Electric em 1995. Atualmente, é utilizado em muitos sectores industriais.

O Six Sigma procura melhorar a qualidade dos resultados dos processos, identificando e eliminando as causas dos defeitos (erros) e minimizando a variabilidade nos processos de fabrico e empresariais. Utiliza um conjunto de métodos de gestão da qualidade, principalmente métodos empíricos e estatísticos, e cria uma infraestrutura especial de pessoas dentro da organização ("Champions", "Black Belts", "Green Belts", "Yellow Belts", etc.) que são especialistas nestes métodos. Cada projeto Seis Sigma realizado numa organização segue uma sequência definida de etapas e tem objectivos de valor quantificados, por exemplo: reduzir o tempo de ciclo do processo, reduzir a poluição, reduzir os custos, aumentar a satisfação do cliente e aumentar os lucros.

O termo *Seis Sigma* teve origem na terminologia associada à indústria transformadora, especificamente nos termos associados à modelação estatística dos processos de fabrico. A maturidade de um processo de fabrico pode ser descrita por uma classificação *sigma* que indica o seu rendimento ou a percentagem de produtos sem defeitos que cria. Um processo de seis sigma é aquele em que se espera que 99,99966% de todas as oportunidades de produzir uma determinada caraterística de uma peça estejam estatisticamente isentas de defeitos (3,4 características defeituosas / milhão de oportunidades), embora, como se verá adiante, este nível de defeitos corresponda apenas a um nível de 4,5 sigma. A Motorola estabeleceu um objetivo de "seis sigma" para todas as suas operações de fabrico, e este objetivo tornou-se uma palavra-chave para as práticas de gestão e engenharia utilizadas para o atingir.

Seis Sigma em muitas organizações significa simplesmente uma medida de qualidade que se esforça por atingir a perfeição. O Seis Sigma é uma abordagem e uma metodologia disciplinadas e baseadas em dados para eliminar defeitos (com seis desvios-padrão entre a média e o limite de especificação mais próximo) em qualquer processo - do fabrico ao transacional e do produto ao serviço.

A representação estatística do Seis Sigma descreve quantitativamente o desempenho de um processo. Para atingir o Seis Sigma, um processo não deve produzir mais de 3,4 defeitos por milhão de oportunidades. Um defeito Seis Sigma é definido como qualquer coisa que esteja fora das especificações do cliente. Uma oportunidade Seis Sigma é, então, a quantidade total de oportunidades para um defeito. O processo sigma pode ser facilmente calculado com uma calculadora Seis Sigma.

O objetivo fundamental da metodologia Seis Sigma é a implementação de uma estratégia baseada na medição, centrada na melhoria dos processos e na redução das variações através da aplicação de projectos de melhoria Seis Sigma. Isto é conseguido através da utilização de duas sub-metodologias Seis Sigma: DMAIC e DMADV. O processo Seis Sigma DMAIC (definir, medir, analisar, melhorar, controlar) é um sistema de melhoria para os processos existentes que estão abaixo das especificações e que procuram uma melhoria incremental. O processo Seis Sigma DMADV (definir, medir, analisar, projetar, verificar) é um sistema de melhoria usado para desenvolver novos processos ou produtos com níveis de qualidade Seis Sigma. Também pode ser utilizado se um processo atual exigir mais do que apenas uma melhoria incremental. Ambos os processos Seis Sigma são executados por Six Sigma Green Belts e Six Sigma Black Belts, e são supervisionados por Six Sigma Master Black Belts.

A globalização e o acesso instantâneo a informações, produtos e serviços alteraram a forma como os nossos clientes conduzem as suas actividades - os antigos modelos de negócio já não funcionam. O ambiente competitivo atual não deixa margem para erros. Temos de agradar aos nossos clientes e procurar incessantemente novas formas de exceder as suas expectativas. É por esta razão que a Qualidade Six Sigma se tornou parte da nossa cultura.

Em primeiro lugar, o que não é. Não se trata de uma sociedade secreta, de um slogan ou de um cliché. O Seis Sigma é um processo altamente disciplinado que nos ajuda a concentrarmo-nos no desenvolvimento e fornecimento de produtos e serviços quase perfeitos. A palavra é um termo estatístico que mede até que ponto um determinado processo se desvia da perfeição. A ideia central por detrás do Seis Sigma é que, se conseguirmos medir o número de "defeitos" que temos num processo, podemos sistematicamente descobrir como eliminá-los e chegar o mais próximo possível dos "zero defeitos". O Seis Sigma alterou o ADN - é agora a forma como trabalhamos - em tudo o que fazemos e em todos os produtos que concebemos.

O Seis Sigma foi amplamente adotado pelas empresas americanas porque funciona! Tenho estado nas trincheiras implementando a metodologia de melhoria Seis Sigma em grandes corporações desde 1994, e tenho visto resultados incríveis repetidamente. Você, o proprietário de uma pequena empresa, pode O que é o Seis Sigma e porque me devo preocupar? 3 alcançar os mesmos avanços incríveis aplicando o Seis Sigma à sua organização.

O que é que sabe sobre o Seis Sigma? Talvez já tenha ouvido falar, mas não tem a certeza do que se trata. Ou, talvez pense que sabe o que é, mas não consegue imaginar como se aplicaria à sua pequena empresa como foi aplicado numa empresa gigante como a GE. Por outro lado, talvez nunca tenha ouvido falar de Seis Sigma, mas gostaria de aprender sobre esta metodologia de resolução de problemas porque quer melhorar a sua empresa. Por outras palavras, independentemente do seu nível de conhecimentos sobre o Seis Sigma, se é proprietário de uma pequena empresa e pretende que esta faça melhorias significativas em termos de eficiência, redução de custos, satisfação do cliente e rentabilidade.

EVOLUÇÃO DO SIX SIGMA

Antes de 15 de janeiro de 1987, Seis Sigma era apenas um termo estatístico. Desde então, a cruzada Seis Sigma, que começou na Motorola, espalhou-se por outras empresas que lutam continuamente pela excelência. Enquanto progride, estendeu-se e evoluiu de uma técnica de resolução de problemas para uma estratégia de qualidade e, por fim, para uma sofisticada filosofia de qualidade. No entanto, esta filosofia única só se tornou bem conhecida depois de Jack Welch, da GE, a ter transformado num ponto central da sua estratégia empresarial em 1995. Atualmente, o Seis Sigma é o sistema de gestão empresarial com maior crescimento na indústria.

Para explicar a evolução do Seis Sigma, é necessário apresentar uma autoridade do Seis Sigma: Mikel Harry, que é chamado de "padrinho" do Seis Sigma e é reconhecido como a maior autoridade em teoria e prática. Embora não tenha sido ele a inventar o conceito, a forma como este é atualmente praticado tem as marcas inconfundíveis da personalidade e da história pessoal de Harry. O percurso da história de Harry é seguido aqui para revelar a evolução do Seis Sigma.

A evolução começou no final da década de 1970, quando uma empresa japonesa assumiu o controlo de uma fábrica da Motorola que fabricava televisores nos Estados Unidos e os japoneses começaram imediatamente a introduzir alterações drásticas no modo de funcionamento da fábrica.

Sob a direção dos japoneses, a fábrica começou a produzir televisores com 1/20 do número de defeitos que tinha produzido sob a direção da Motorola. Finalmente, a Motorola reconheceu que a sua qualidade era péssima. Desde então. A direção da Motorola decidiu levar a qualidade a sério. Quando Bob Galvin se tornou diretor executivo da Motorola em 1981, desafiou a sua empresa a melhorar dez vezes o seu desempenho num período de cinco anos.

Em 1984, depois de Harry ter obtido um doutoramento na Universidade Estatal do Arizona, entrou para a Motorola onde trabalhou com Bill Smith, um engenheiro veterano que era, nas palavras de Mikel Harry, "o pai do Seis Sigma". Em 1985, Smith escreveu um relatório interno de investigação sobre qualidade que chamou a atenção de Bob Galvin. Smith descobriu a correlação entre o desempenho de um produto na sua vida útil e a quantidade de retrabalho necessário durante o processo de fabrico. Descobriu também que os produtos que eram fabricados com menos não conformidades eram os que tinham melhor desempenho após a entrega ao cliente. Embora os executivos da Motorola concordassem com a suposição de Smith, o desafio passou a ser como criar formas práticas de eliminar os defeitos.

Em 15 de janeiro de 1987, a Galvin lançou um programa de qualidade a longo prazo, denominado "The Six Sigma Quality Program". O programa era um programa corporativo que estabelecia o Seis Sigma como o nível de capacidade necessário para atingir o padrão de 3,4 DPMO. Este novo padrão deveria ser utilizado em tudo, ou seja, em produtos, processos, serviços e administração. O Comité de Política Empresarial da Motorola actualizou então o seu objetivo de qualidade da seguinte forma:

"Melhorar a qualidade dos produtos e serviços dez vezes até 1989 e pelo menos cem vezes até 1991. Atingir a capacidade Six Sigma até 1992. Com um profundo sentido de urgência, a Galvin espalhou a dedicação à qualidade a todas as facetas da empresa e alcançou uma cultura de melhoria contínua para assegurar a Satisfação Total do Cliente. Existe apenas um objetivo final: zero defeitos em tudo o que fazemos."

A meta de qualidade corporativa revisada afirmava que todos eram responsáveis por e para com cada um em relação a esse objetivo. Além disso, afirmava que ninguém poderia assumir que tinha feito o suficiente até que o objetivo total do Seis Sigma fosse alcançado em toda a empresa. Depois de implementar o Seis Sigma, em 1988, a Motorola foi uma das primeiras empresas a receber o Prémio Nacional de Qualidade Malcolm Baldrige. Desde então, o Seis Sigma tem atraído constantemente a atenção da indústria. No entanto, na Motorola, o Seis Sigma era apenas uma metodologia disciplinada de resolução de problemas.

Em 1988, na Unisys Corp. Harry discutiu com Cliff Ames, um dos directores de fábrica da Unisys, sobre a forma de potenciar a técnica Seis Sigma em toda a organização e como reconhecer as pessoas que estavam equipadas com ferramentas Seis Sigma. Uma vez que Ames era um amante do karaté e o próprio Harry era um entusiasta das artes marciais, em alguns aspectos, partilhavam a mesma filosofia das artes marciais orientais. As pessoas que praticam artes marciais são incrivelmente hábeis, têm um domínio preciso das ferramentas, são muito dedicadas e têm muita humildade para aprender. Com base nesta perceção, Harry decidiu designar as pessoas com competências em Six Sigma como "Black Belt".

Em 1989, Galvin convidou Harry para dirigir o Instituto de Investigação Seis Sigma da Motorola e desafiou-o a efetuar "a transferência de conhecimentos sobre qualidade de ciclo curto e a rápida disseminação de conhecimentos sobre qualidade numa empresa a nível mundial". Harry respondeu ao desafio com uma estratégia de implementação do Seis Sigma que tentava colocar ferramentas de qualidade nas mãos de um grande número de trabalhadores e gestores de toda a organização. A partir desse momento, as competências Seis Sigma deixaram de ser propriedade exclusiva dos engenheiros de qualidade e começaram a ser transferidas do departamento de qualidade para toda a organização.

Em 1993, na Asea Brown Boveri (ABB), Harry juntou-se a Richard Schroeder, que mais tarde se juntou a ele para fundar a Six Sigma Academy. Inspirado por Kjell Magnuson, um dos presidentes da unidade de negócios da ABB, Harry percebeu que os executivos de alto nível só se concentravam em ganhos claros e quantificáveis. Além disso, Harry reconheceu que a qualidade não deveria estar em primeiro lugar, mas sim o negócio em primeiro lugar, o que levaria à realização da qualidade. Além disso, devido à sua experiência no Corpo de Fuzileiros Navais, ele compreendeu a importância das tácticas. Para explorar todo o poder do Seis Sigma, concentrando-se nos resultados finais, Harry refinou as táticas de implantação do Seis Sigma, que incluíam: Campeão, Master Black Belt, Black Belt e Green Belt.

Naquela época, encantadas com o sucesso da Motorola, várias outras empresas, como a Texas Instruments, iniciaram uma busca semelhante. Mas foi só no final de 1993 que o Seis Sigma começou realmente a transformar os negócios. Foi nesse ano que Harry e Schroeder se mudaram para a Allied Signal e o seu CEO, Larry bossidy, decidiu adotar o Seis Sigma.

Ao selecionar adequadamente os projectos Six Sigma certos e ao fornecer-lhes prontamente o apoio certo, Bossidy sugeriu que os executivos de alto nível também deveriam compreender as ferramentas Six Sigma. Para responder a essa sugestão, Harry desenvolveu uma metodologia para que uma equipa de liderança seleccionasse projectos de elevada alavancagem financeira. Na Allied Signal, todo um sistema de liderança e sistemas de apoio começou a formar-se em torno das ferramentas estatísticas de resolução de problemas do Seis Sigma.

Pouco tempo depois de a Allied Signal ter iniciado a sua busca da qualidade Seis Sigma, Jack Welch, então presidente e diretor executivo da General Electric, influenciado por Bossidy, começou a interessar-se pelo Seis Sigma. De facto, antes do Seis Sigma, segundo Welch, nem ele nem

Bossidy eram entusiastas da qualidade. Consideravam que os programas de qualidade anteriores eram demasiado pesados em termos de slogans e pouco eficazes em termos de resultados. Em junho de 1995, Welch convidou Bossidy a participar na reunião do Corporate Executive Council da GE e a partilhar a sua experiência com o Seis Sigma. Após essa reunião, a GE efectuou uma análise custo-benefício da implementação do Seis Sigma. A análise mostrou que, se a GE, que tinha então um nível de qualidade de três a quatro sigma, aumentasse a sua qualidade para seis Sigma, a oportunidade de poupança de custos situar-se-ia entre 7 e 10 mil milhões de dólares. Isto representava um número enorme - 10 a 15 por cento das vendas.

Depois, em janeiro de 1996, em colaboração com a Six Sigma Academy, Welch anunciou o lançamento do Six Sigma na GE. Nessa altura, chamou ao Seis Sigma o empreendimento mais ambicioso que a empresa alguma vez tinha empreendido. Afirmou: "A qualidade pode transformar a GE de uma das grandes empresas na maior empresa do mundo". Escusado será dizer que quando a GE faz alguma coisa, fá-la até ao fim. Welch disse aos executivos da GE: "Todos nesta sala têm de liderar o esforço de qualidade. Não pode haver espectadores nesta matéria. O que levou dez anos à Motorola, temos de o fazer em cinco - não através de atalhos, mas aprendendo com os outros". A partir desse momento, Jack Welch tornou-se o promotor global do Seis Sigma.

Há duas contribuições importantes da forma de implementação da GE para a evolução do Seis Sigma. Em primeiro lugar, Welch demonstrou o grande paradigma da liderança. Em segundo lugar, Welch apoiou o programa Seis Sigma com um forte sistema de recompensas para mostrar o seu empenhamento no mesmo. A GE alterou o seu plano de compensação de incentivos para toda a empresa, de modo a que 60% do bónus se baseasse nas finanças e 40% nos resultados do Seis Sigma. O novo sistema atraiu com êxito as atenções dos empregados da GE para o Seis Sigma. Além disso, a formação em Seis Sigma tornou-se um pré-requisito para a subida na hierarquia da GE. Welch insistiu que ninguém seria considerado para um cargo de direção sem ter, pelo menos, uma formação A Green Belt até ao final de 1998.

ESTRATÉGIA DE SEIS SIGMA

Para atingir a qualidade Seis Sigma, um processo não deve produzir mais de 3,4 defeitos por milhão de oportunidades. Uma "oportunidade" é definida como uma hipótese de não conformidade ou de não cumprimento das especificações exigidas. Isto significa que temos de ser quase perfeitos na execução dos nossos processos-chave. Seis Sigma é uma visão pela qual nos esforçamos e uma filosofia que faz parte da nossa cultura empresarial.

PRINCIPAIS FACTORES

Na sua essência, o Seis Sigma gira em torno de alguns conceitos-chave.

Críticos para a Qualidade: Atributos mais importantes para o cliente.

Defeito: Não fornecer o que o cliente pretende.

Capacidade do processo: O que o seu processo pode fornecer.

Variação: O que o cliente vê e sente Estável.

Operações: Garantir processos consistentes e previsíveis para melhorar o que o cliente vê e sente.

Conceção para Six Sigma: Conceber para satisfazer as necessidades dos clientes e a capacidade do processo.

O CLIENTE SENTE A VARIAÇÃO, NÃO A MÉDIA

Muitas vezes, a visão de dentro para fora da empresa baseia-se em medidas médias do nosso passado recente. Os clientes não nos julgam com base em médias, eles sentem a variação em cada transação, em cada produto que enviamos. O Six Sigma concentra-se primeiro na redução da variação do processo e depois na melhoria da capacidade do processo. Os clientes valorizam processos comerciais consistentes e previsíveis que proporcionam níveis de qualidade de classe mundial. É isso que o Seis Sigma se esforça por produzir.

FACTORES DE SUCESSO DO SIX SIGMA

A investigação sobre o que faz com que uma implementação Seis Sigma seja um sucesso revelou

10 factores críticos de sucesso. São eles, por ordem de importância:

1. Liderança e empenhamento da gestão de topo
2. Um sistema de gestão de clientes bem implementado
3. Um sistema de educação e formação contínua
4. Um sistema de informação e análise bem organizado
5. Um sistema de gestão de processos bem implementado
6. Um sistema de planeamento estratégico bem desenvolvido
7. Um sistema de gestão de fornecedores bem desenvolvido
8. Dotar todos os elementos da organização, desde a direção até aos trabalhadores, de um conhecimento prático das ferramentas da qualidade
9. Um sistema de gestão de recursos humanos bem desenvolvido
10. Um sistema de avaliação comparativa da concorrência bem desenvolvido

MÉTODO DOS SEIS SIGMA

Os projectos Six Sigma seguem duas metodologias de projeto inspiradas no ciclo Planear-Fazer-Verificar-Agir de Deming. Estas metodologias, compostas por cinco fases cada, têm os acrónimos DMAIC e DMADV.

- O DMAIC é utilizado para projectos destinados a melhorar um processo empresarial existente. O DMAIC é pronunciado como "duh-may-ick" (<,dA 'meiik>).
- O DMADV é utilizado em projectos destinados a criar novas concepções de produtos ou processos[9] e pronuncia-se "duh-mad-vee" (<,dΛ 'm$dvi>).

DMAIC

Artigo principal:

A metodologia de projeto DMAIC tem cinco fases:

- Definir o sistema, a voz do cliente e os seus requisitos, bem como os objectivos do projeto, especificamente.

- Medir os principais aspectos do processo atual e recolher dados relevantes; calcular a capacidade do processo "tal como está".
- Analisar os dados para investigar e verificar as relações de causa e efeito. Determinar quais são as relações e tentar garantir que todos os factores foram considerados. Procurar
- Melhorar ou otimizar o processo atual com base na análise de dados, utilizando técnicas como a conceção de experiências, o poka yoke ou a prova de erros, e o trabalho normalizado para criar um novo processo no futuro. Criar projectos-piloto para estabelecer a capacidade do processo.
- Controlar o processo no estado futuro para garantir que quaisquer desvios em relação ao objetivo são corrigidos antes de darem origem a defeitos. Implementar sistemas de controlo como o controlo estatístico do processo, quadros de produção, locais de trabalho visuais e monitorizar continuamente o processo.

Algumas organizações acrescentam uma etapa de Reconhecimento no início, que consiste em reconhecer o problema certo para trabalhar, produzindo assim uma metodologia RDMAIC.

DMADV ou DFSS

A metodologia de projeto DMADV, conhecida como DFSS ("Design For Six Sigma"), inclui cinco fases:

- Definir objectivos de conceção que sejam coerentes com as exigências dos clientes e a estratégia da empresa.
- **Medir** e identificar CTQs (características que são críticas para a qualidade), medir as capacidades do produto, a capacidade do processo de produção e medir os riscos.
- Analisar para desenvolver e conceber alternativas
- Conceber uma alternativa melhorada, mais adequada à análise efectuada na etapa anterior
- Verificar o projeto, realizar ensaios-piloto, implementar o processo de produção e entregá-lo ao proprietário do processo.

Preocupações comuns sobre a implementação do Six Sigma

Medo da mudança. Faz sentido que, para melhorar a forma como a sua empresa funciona, tenha de efetuar algumas mudanças, algumas delas importantes. Mas muitas pessoas têm medo da mudança. No entanto, embora nos sintamos confortáveis a fazer as mesmas coisas todos os dias, isso significa que continuaremos a cometer os mesmos erros vezes sem conta. Por outras palavras, se não estiver disposto a mudar a forma como faz algumas coisas na sua empresa, não conseguirá melhorar a sua empresa.

Medo de se comprometer: Novamente, este é um problema comum para muitas pessoas. É verdade que, para alcançar os ganhos que o Seis Sigma pode produzir, é preciso dedicar-se a ele. Correndo o risco de soar como um cliché, vale a pena trabalhar por tudo o que vale a pena ter, certo? Sem dúvida que tem estado extremamente empenhado no sucesso da sua empresa. O Seis Sigma também exige um elevado nível de empenhamento.

Medo de perturbações: Ok, as coisas podem não estar a correr tão bem como gostaria em termos de negócio, mas pelo menos funciona! Por outras palavras, porquê consertar se não está estragado (ou pelo menos completamente estragado)? Bem, a sua empresa pode estar a ir muito bem, mas pode melhorar. Pode tornar os seus clientes mais felizes, pode produzir um produto ou serviço melhor, pode reduzir os custos e pode obter lucros mais elevados!

Aumento de custos: a implementação do Six Sigma ou de qualquer novo programa vai custar-me dinheiro e não tenho a certeza se valerá a pena. Esta é uma preocupação razoável, mas se o fizer corretamente, pode ter a certeza de que irá diminuir, e não aumentar, os seus custos.

Tempo perdido sem resultados: Talvez você tenha tentado outros programas para tornar suas operações mais eficientes e, depois de algum tempo, eles simplesmente não funcionaram. Isso é válido, mas não deve ser um problema com o Seis Sigma. Este programa visa problemas específicos com uma metodologia específica de resolução de problemas, com o objetivo de eliminar para sempre esse problema. Todos estes receios e preocupações são válidos. Afinal de contas, ninguém gosta da ideia de sair da sua zona de conforto.

Mas se sabe que não será capaz de ultrapassar estas preocupações, então este livro não é para si, nem o Seis Sigma. Como Sam Walton, o fundador da Wal-Mart, disse uma vez: "Altas expectativas são a chave para tudo". Todos nós sabemos onde as elevadas expectativas de Sam Walton o levaram! Como proprietário de uma pequena empresa, deve procurar constantemente mais - a complacência é o seu inimigo. O facto de ter comprado este livro é uma prova de que quer melhorar a sua empresa, mas não posso deixar de sublinhar que, para ter sucesso com o Seis Sigma, tem de se dedicar a ele.

O Six Sigma ajudá-lo-á a:

- Identificar desperdícios e custos ocultos
- Identificar e eliminar defeitos
- Aumentar as margens de lucro
- Aumentar a satisfação do cliente
- Aumentar a satisfação e o nível de empenho dos seus empregados
- Cresça e expanda a sua atividade, vamos analisar brevemente estas vantagens.

1. **Identificar desperdícios e custos ocultos**: A nível pessoal, se eu lhe pedir para me dar os últimos dois anos do seu registo de cheques, acha que posso encontrar algum desperdício? E existem padrões de despesa ocultos ou naturais que não precisam de existir?

2. **Identificar e eliminar defeitos:** Na sua empresa, já alguma vez teve de despender esforços e dinheiro para que a FedEx enviasse coisas de um dia para o outro que não deveriam ter sido enviadas pela FedEx, principalmente devido ao seu mau planeamento ou a algum outro defeito

relacionado com o seu processo interno?

3. Aumentar as margens de lucro: Como é que pode aumentar o lucro da sua empresa? Normalmente, há duas maneiras:

1) Aumentar o preço dos serviços ou produtos que está a vender.

2) Diminuir o custo dos bens/serviços. Isto significa que ou precisa de um diferenciador para aumentar o seu preço ou, para diminuir o custo dos bens e serviços, tem de identificar e corrigir os defeitos que aumentam os seus custos.

4. Aumentar a satisfação do cliente: Para o proprietário de uma pequena empresa, este benefício deveria provavelmente estar no topo da lista. Afinal de contas, a sua principal função é fazer com que os seus clientes fiquem satisfeitos e que continuem a querer fazer negócio consigo. As empresas existem com um objetivo: servir os clientes de forma rentável. Por conseguinte, qualquer iniciativa de resolução de problemas deve ajudá-lo a atingir esse objetivo.

5. Aumentar a satisfação e o nível de empenhamento dos seus empregados: O seu pessoal e você podem divertir-se a resolver um problema que lhe custa tempo e dinheiro. Os funcionários sentem-se proprietários quando têm as ferramentas e podem resolver problemas dispendiosos na empresa. Isso proporciona uma grande sensação de realização para todos.

6. Crescer e expandir o seu negócio: O "crescimento", como qualquer outro problema, é um problema a resolver. Então, quais são os factores de mercado para crescer e expandir? A sua empresa está a ignorar um canal de distribuição, ou talvez a Internet não esteja a ser utilizada eficazmente. Quais são os factores mais importantes para o crescimento? Qual é o seu objetivo de crescimento para este ano? O Seis Sigma consiste em colocar novas questões e depois encontrar sistematicamente as respostas.

O que é exatamente a satisfação do cliente?

O cliente é uma pessoa, não uma organização, empresa ou corporação. O seu cliente é um ser humano com necessidades, desejos e problemas, tal como você. A satisfação é o grau de certeza que uma pessoa tem de que os seus padrões serão satisfeitos pelo produto ou serviço que fornece. À medida que a certeza aumenta, a probabilidade de satisfação também aumenta.

Os clientes têm o que se chama de expectativas "críticas para a qualidade", ou CTQ. (CTQ é um conceito importante do Six Sigma.) É importante entender essas expectativas CTQ e ajudá-las a garantir a satisfação dos clientes.

Por exemplo: quais são os CTQ de um cliente do McDonald's?

1) Esperado rapidamente.
2) Aceitar a ordem com cortesia.
3) O pedido está correto e a comida é fresca.
4) A comida é consistente com as expectativas do McDonald's.

FERRAMENTAS DE GESTÃO DA QUALIDADE

Nas fases individuais de um projeto DMAIC ou DMADV, o Six Sigma utiliza muitas ferramentas de gestão da qualidade estabelecidas que também são utilizadas fora do Six Sigma. A tabela a seguir mostra uma visão geral dos principais métodos utilizados.

- 5 Porquês
- Ferramentas estatísticas e de ajuste
- Análise de variância
- Modelo linear geral
- ANOVA Calibre R&R
- Análise de regressão
- Correlação

- Diagrama de dispersão
- Teste do Qui-quadrado
- Conceção axiomática
- Mapeamento do processo empresarial/Folha de controlo
- Diagrama de causa e efeito (também conhecido como espinha de peixe ou diagrama de Ishikawa)
- Diagrama de controlo/Plano de controlo (também conhecido como mapa de raias)/Diagramas de execução
- Análise custo-benefício
- Árvore CTQ
- Conceção das experiências/estratificação
- Histogramas/Análise de Pareto/Gráfico de Pareto
- Diagrama de picking/Capacidade do processo/Rendimento da produção por rolo
- Implementação da Função Qualidade (QFD)
- Investigação quantitativa de marketing através da utilização de sistemas de gestão de feedback empresarial (EFM)
- Análise da causa raiz
- Análise SIPOC (Fornecedores, Entradas, Processo, Saídas, Clientes)
- Análise COPIS (versão/perspetiva do SIPOC centrada no cliente)
- Métodos de Taguchi/Função de perda de Taguchi
- Mapeamento do fluxo de valor

PAPEL DE IMPLEMENTAÇÃO

Uma das principais inovações do Six Sigma envolve a "profissionalização" absoluta das funções de gestão da qualidade. Antes do Seis Sigma, a gestão da qualidade era, na prática, em grande parte relegada para o chão de fábrica e para os estatísticos num departamento de qualidade separado. Os programas formais Six Sigma adoptam uma espécie de terminologia de classificação de elite (semelhante a alguns sistemas de artes marciais, como o Kung-Fu e o Judo) para definir uma hierarquia (e um percurso de carreira especial) que inclui todas as funções e níveis empresariais.

O Six Sigma identifica vários papéis-chave para a sua implementação bem sucedida.

- A liderança executiva inclui o diretor-geral e outros membros da gestão de topo. São responsáveis pela definição de uma visão para a implementação do Seis Sigma. Eles também dão liberdade e recursos para que os outros responsáveis explorem novas idéias para melhorias revolucionárias, transcendendo as barreiras departamentais e superando a resistência inerente à mudança.[15] Champions assumem a responsabilidade pela implementação do Seis Sigma em toda a organização de forma integrada. A Liderança Executiva os seleciona da alta gerência. Os Champions também actuam como mentores dos Black Belts.

- Os Master Black Belts, identificados pelos campeões, actuam como formadores internos em Seis Sigma. Dedicam 100% do seu tempo ao Seis Sigma. Ajudam os campeões e orientam os Black Belts e os Green Belts. Para além das tarefas estatísticas, dedicam o seu tempo a assegurar a aplicação coerente do Seis Sigma em várias funções e departamentos.

- Os Black Belts trabalham sob a alçada dos Master Black Belts para aplicar a metodologia Six Sigma a projectos específicos. Dedicam 100% do seu precioso tempo ao Seis Sigma. Concentram-se principalmente na execução de projectos Seis Sigma e na liderança de tarefas especiais, enquanto os Champions e os Master Black Belts se concentram na identificação de projectos/funções para o Seis Sigma.

- Os Green Belts são os empregados que assumem a implementação do Seis Sigma juntamente com as suas outras responsabilidades profissionais, trabalhando sob a orientação dos Black Belts.

É necessária uma formação especial para todos estes profissionais, a fim de garantir que seguem a metodologia e utilizam corretamente a abordagem baseada em dados. Algumas organizações utilizam outras cores de cintos, como os cintos amarelos, para os empregados que têm formação básica nas ferramentas Seis Sigma e que geralmente participam em projectos, e os "cintos brancos" para os que têm formação local nos conceitos mas não participam na equipa de projeto. Os "cintos laranja" também são mencionados para serem utilizados em casos especiais.

CAPÍTULO 2

REVISÃO DA LITERATURA

Hsiang-Chin Hung & Ming-Hsien Sung (2011) estudaram que um número crescente de empresas tem utilizado diferentes tipos de programas de qualidade para aumentar a satisfação dos clientes internos e externos, bem como para reduzir o custo da qualidade.

Diana Bratic, em 2011, estudou uma melhor compreensão dos benefícios do Seis Sigma e das empresas gráficas, mas as empresas de produção serão capazes de orientar os negócios e os processos de produção nas direcções certas, minimizando as entradas, maximizando as saídas e satisfazendo os proprietários, funcionários e clientes.

Chantal Baril *et al.*, (2011) estudaram a combinação de uma técnica de modelação da viabilidade com um algoritmo interativo multiobjectivo que tem em conta as preferências do decisor (IMOP) para gerar várias soluções Pareto-óptimas que mantêm uma probabilidade de satisfação das restrições. Estas soluções são designadas por soluções Pareto-óptimas fiáveis. As soluções encontradas pelo algoritmo satisfazem tanto quanto possível os requisitos dos decisores.

Tongdan Jin *et al.*, em 2011, estudaram um quadro baseado no Seis Sigma para implementar um compromisso de elevada fiabilidade do produto em processos de fabrico distribuídos por subcontratantes. O objetivo final era alcançar uma elevada fiabilidade do produto no mais curto espaço de tempo, quando o tempo de colocação do produto no mercado é essencial para ganhar quota de mercado.

Abbas Saghaei & Hosein Didehkhani, em 2011, estudaram a proposta de uma metodologia abrangente para a avaliação e seleção dos projectos Seis Sigma.

Laureani A & Antonyin 2011 estudou. Fatores críticos de sucesso para a implementação efetiva do Lean Sigma: Results from an empirical study and agenda for future research.

Miroslav RUSKO & Ruzena KRALIKOVA estudaram **em 2012** e o método Seis Sigma é um sistema complexo e flexível para alcançar, manter e maximizar o sucesso empresarial. O Six Sigma baseia-se principalmente na compreensão das necessidades e expectativas dos clientes, na utilização disciplinada da análise de factos e estatísticas e na abordagem responsável da gestão, melhoria e criação de novos processos comerciais, de fabrico e de serviços.

Manoj K. Malhotra *et al.*, em 2012, estudaram estudos de campo, a literatura existente e o conhecimento do domínio para desenvolver uma teoria de gestão do contexto em projectos de melhoria do processo Seis Sigma. Examinam a inter-relação entre o contexto do projeto, os elementos e o sucesso. As informações ricas em texto relativas a cada projeto foram analisadas quanto aos padrões e relações subjacentes, utilizando o pacote de software de análise de dados qualitativos NVIVO 8.

Rohini & Mallikarjun, em 2012, estudaram em pormenor as ferramentas necessárias e apontam as limitações ao sucesso das iniciativas de melhoria. Desenvolvem um modelo DMAIC de conceção que pode ser utilizado como modelo para melhorar o processo do bloco operatório nos hospitais.

Isabel Castanheira *et al.*, em 2012, estudaram o quadro de gestão da qualidade como um desenvolvimento recente para a padronização de processos na compilação de dados. São calculados como indicadores do desempenho dos ensaios laboratoriais e é discutida a abordagem para a seleção de dados e laboratórios. Os resultados fornecem informações adicionais sobre a qualidade dos dados analíticos, permitindo que compiladores e utilizadores avaliem o enviesamento e a imprecisão de valores individuais e agregados.

Alessandro Brun em 2012 estudou o presente artigo discute os resultados de um projeto de investigação em curso no Politécnico de Milão, com o objetivo de analisar as idiossincrasias das implementações Seis Sigma em empresas italianas. O projeto aborda as seguintes questões de investigação, relativas à abordagem das empresas italianas em relação ao Seis Sigma: as empresas italianas estão a implementar o Seis Sigma exatamente como foi originalmente concebido na Motorola ou, pelo contrário, existe uma forma italiana de implementar o Seis Sigma? As empresas italianas que implementaram o Seis Sigma reconhecem o mesmo conjunto de factores críticos de sucesso apontados na literatura internacional?

Scott M. Shafer *et al.*, em 2013, estudaram o impacto da adoção do Seis Sigma no desempenho das empresas. Embora exista um corpo bastante grande e crescente de evidências anedóticas associadas aos benefícios da implementação do Seis Sigma, há muito pouca pesquisa sistemática e rigorosa que investigue esses benefícios.

George S.Easton & Eve D.Rosenzweig, em 2013, estudaram o papel da experiência individual, da experiência organizacional, da experiência do líder da equipa e da experiência de trabalho em equipa (familiaridade com a equipa) no contexto das equipas de melhoria.

Abbas Saghaei *et al.*, em 2013, estudaram o caso real apresentado e ilustram os resultados da aplicação deste modelo à produção industrial de conjuntos electrónicos. Os autores prestam atenção a factores como a diferença entre os ciclos de refugo e de retrabalho, o custo do refugo e do retrabalho e a sequência das etapas.

Rodica Pamfiliea, em 2013, estudou e demonstrou que as organizações podem obter um desempenho individual e organizacional através da utilização de líderes bem formados, centrados na melhoria contínua, que utilizam o Lean Six Sigma para promover a sinergia dos trabalhadores.

Morgan Swink e Brian W. Jacobs, em 2013, estudaram um padrão de efeitos da adoção do Seis Sigma que fornece fortes indícios de um impacto positivo no ROA. Curiosamente, estas melhorias do ROA resultam sobretudo de reduções significativas dos custos indirectos; não são evidentes melhorias significativas dos custos directos e da produtividade dos activos. Os autores constatam pequenas melhorias no crescimento das vendas devido à adoção do Seis Sigma.

Md. Enamul Kabir *et al.*, em 2014, estudaram e avaliaram os processos da organização do caso, para descobrir o nível sigma atual e, finalmente, para melhorar o nível sigma existente através da melhoria da produtividade. O trabalho de estudo não se aplica apenas a empresas de fabrico de ventiladores, mas também a qualquer outro tipo de organização.

Rodica Pamfilie *et al.*, em 2014, estudaram que as organizações podem obter um desempenho individual e organizacional através da utilização de líderes bem formados, centrados na melhoria contínua, que utilizam o Lean Six Sigma para promover a sinergia dos trabalhadores. Revelaram os factores-chave necessários para criar um quadro especial que possa conduzir a organização à excelência empresarial através da melhoria do pessoal.

Dyah Diwasasri Ratnaningtyas & Kridanto Surendro, em 2014, estudaram a qualidade como um elemento-chave para determinar o nível dos cuidados de saúde num hospital. Ao melhorar a qualidade da informação, a qualidade dos cuidados de saúde melhoraria para apoiar a satisfação do doente.

Rassoul Noorossana *et al.*, em 2014, estudaram que a medição do nível de qualidade de um determinado processo é essencial para algumas fases da metodologia seis sigma. Fatores como a diferença entre os ciclos de refugo e retrabalho, o custo do refugo e do retrabalho e a sequência de etapas.

K.Srinivasan, S.R.Devadasan *et al.*, em 2014, estudaram a implementação piloto das fases Seis Sigma DMAIC (Definir-Medir-Analisar-Melhorar-Controlar) para melhorar a eficácia do permutador de calor de casco e tubo numa empresa de fabrico de fornos de pequena dimensão.

Sahbz, Taner M.T. *et al.*, . Em 2014 estudaram o Desenvolvimento de uma Infraestrutura Seis Sigma para Cirurgia de Catarata em Pacientes com Síndrome de Pseudo-Esfoliação.

Khaled MILI, em 2014, estudou a forma de encaminhar os straddle carriers nos terminais portuários de contentores. Desenvolveram uma nova abordagem baseada numa técnica combinada de ANP e DEMATEL para ajudar os terminais de contentores a determinar planos de transporte Six Sigma críticos.

Ansari Sabray, em 2014, estudou as realidades dos factores críticos (CSFs) para o sucesso de um programa de qualidade Seis-Sigma para identificar a natureza do programa de qualidade implementado em alguns hospitais libaneses em Beirute. Também examinam o impacto dos factores críticos (CSF) de um programa de qualidade Seis-Sigma e a sua influência nos indicadores de desempenho.

Thakore e Dave, 2015, estudaram e analisaram o avanço e os encontros das práticas Seis Sigma nas indústrias transformadoras mundiais e identificaram as principais ferramentas para cada etapa da execução bem sucedida de um projeto Seis Sigma. Também integram as lições aprendidas com projectos Seis Sigma bem sucedidos e as suas aplicações prospectivas em várias indústrias transformadoras.

Alexandra Tenera *et al.*, em 2015, estudaram A atual crise económica suscita a procura constante de soluções rentáveis que permitam às organizações ganhar vantagem competitiva, centrando-se sobretudo na eliminação de desperdícios, recorrendo sempre que possível a técnicas simples e visuais, e o Seis Sigma no controlo e redução da variabilidade dos processos, utilizando para o efeito ferramentas estatísticas.

Brian W. Jacobs, Morgan Swink *et al.*, em 2015, estudaram os efeitos no desempenho operacional da adoção precoce ou tardia da melhoria do processo Seis Sigma. Utilizaram as teorias da aprendizagem organizacional e da transferência de conhecimentos e desenvolveram hipóteses que descrevem as vantagens da adoção tardia e os factores que afectam a capacidade de uma empresa beneficiar do Seis Sigma, quer como adotante precoce quer como adotante tardio.

Erin M. Mitchell & Jamison V. Kovach, em 2015, estudaram formas de melhorar a partilha de informação no âmbito das operações da cadeia de abastecimento de uma organização de serviços de transporte marítimo. Utilizaram a metodologia Design for Six Sigma (DFSS) para conceber uma solução de tecnologia de informação que comunicasse eficazmente a informação entre as camadas da cadeia de abastecimento relativamente ao movimento de materiais através de barcaças-cisterna.

CAPÍTULO 3

CONCEPÇÃO DO ESTUDO

NECESSIDADE DE ESTUDO

Descobrir o efeito de seis sigma nas indústrias transformadoras da NCR (região da capital nacional)

OBJECTIVOS DO ESTUDO

- Explorar o conceito de seis sigma e msme nas indústrias transformadoras.
- Estudar o papel dos seis sigma como desempenho nas indústrias transformadoras.

ÂMBITO DE APLICAÇÃO

A presente investigação será realizada em NCR (Nova Deli, Deli, gurgoan, noida, Faridabad, rohtak, panipat, jind, Ghaziabad)

3.4 METODOLOGIA

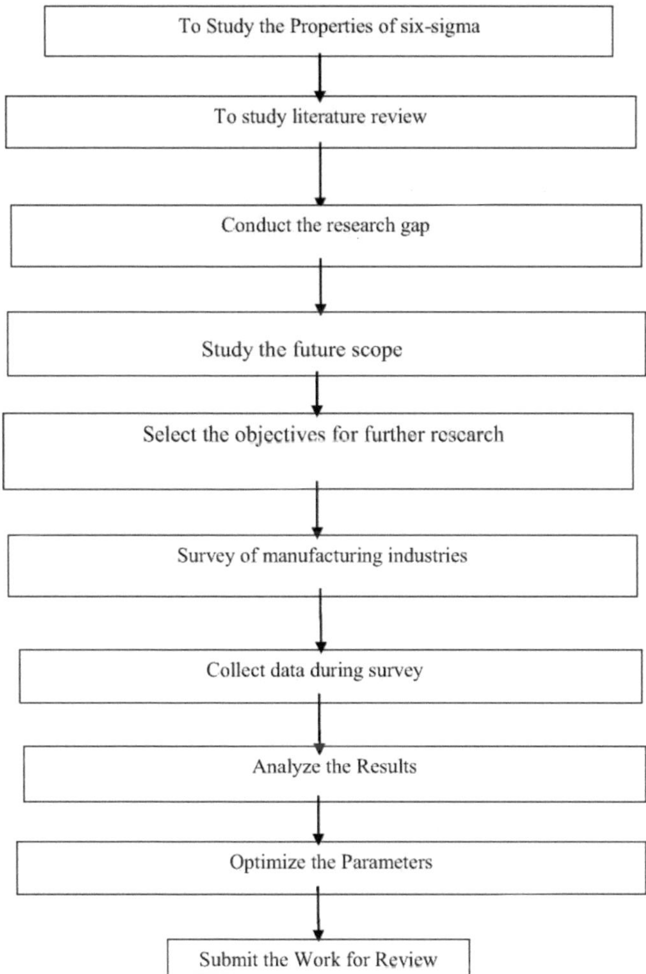

CAPÍTULO 4

ANÁLISE DE DADOS

4.1 Introdução

O capítulo demonstra as conclusões inferidas a partir dos dados recolhidos no questionário construído, tal como discutido no capítulo anterior. Este capítulo aborda o objetivo desejado do estudo de investigação de uma forma analítica, com a aplicação adequada das ferramentas estatísticas e de análise. A análise dos dados recolhidos foi efectuada no software PASW STATISTICS 18. As ferramentas estatísticas utilizadas no capítulo foram, *tabela de distribuição de frequências, correlação de karl pearson, modelo de regressão múltipla.* A classificação do capítulo, com base na análise efectuada em função dos objectivos do estudo de investigação, foi a seguinte

4.2 Fiabilidade: *Análise da fiabilidade do questionário com base no Alfa de Croanbach*

Nesta secção, mediu-se a consistência interna do questionário. O alfa de Croanbach é uma medida de consistência interna, ou seja, a proximidade entre um conjunto de itens e um grupo. Os índices alfa de Croanbach foram avaliados para o *questionário global.*

Quanto mais elevada for a pontuação, mais fiável é a escala criada. (Nunnaly, 1978) indicou 0,7 como sendo um coeficiente de fiabilidade aceitável, mas na literatura são por vezes utilizados limiares mais baixos. Neste caso, o valor do alfa de Croanbach para o questionário global é de 0,882, o que mostra que o questionário é altamente fiável.

Quadro 4.1 Alfa de Croanbach do questionário

	Croanbach Alpha
Questionnaire	0.882

4.3 ANÁLISE DA RESPOSTA

Os inquiridos foram avaliados em relação a várias afirmações baseadas nos parâmetros do Seis Sigma. Os dados foram recolhidos junto dos inquiridos numa escala de quatro pontos relativamente à implementação de várias questões, ou seja, de modo algum, em certa *medida, razoavelmente bem* e *em grande medida.* Os quadros seguintes apresentam a distribuição das respostas em percentagem obtidas dos inquiridos em relação a todas as afirmações

Quadro 4.2 Análise de resposta de todos os parâmetros

S. No	FACTORS	No. of Companies Scoring Points				Total No. of Responses	Total Points Scored (TPS)	Percent Points Score Score (PPS)
		A	B	C	D			
		1	2	3	4	(N)	**	$\frac{TPS}{4*N}100$
1	Ques 1	6	9	15	22	52	157	75.48078
2	Ques 2	3	8	26	15	52	157	75.48078
3	Ques 3	5	8	22	17	52	155	74.51923
4	Ques 4	2	9	22	19	52	162	77.88463
5	Ques 5	3	11	17	21	52	160	76.92308
6	Ques 6	6	7	19	20	52	157	75.48078
7	Ques 7	4	11	22	15	52	152	73.07693
8	Ques 8	2	15	20	15	52	152	73.07693
9	Ques 9	9	11	22	10	52	137	65.86538
10	Ques 10	5	13	12	22	52	155	74.51923
11	Ques 11	7	9	19	17	52	150	72.11538

12	Ques 12	8	10	17	17	52	147	70.67308
13	Ques 13	5	12	19	16	52	150	72.11538
14	Ques 14	9	6	24	13	52	145	69.71155
15	Ques 15	11	5	15	21	52	150	72.11538
16	Ques 16	9	7	19	17	52	148	71.15385
17	Ques 17	6	9	17	20	52	155	74.51923
18	Ques 18	4	11	20	17	52	154	74.03845
19	Ques 19	7	9	24	12	52	145	69.71155
20	Ques 20	3	9	21	19	52	160	76.92308
21	Ques 21	5	8	15	24	52	162	77.88463
22	Ques 22	6	14	22	10	52	140	67.3077
23	Ques 23	2	8	12	30	52	174	83.65385
24	Ques 24	4	6	29	13	52	155	74.51923
25	Ques 25	8	11	12	21	52	150	72.11538
26	Ques 26	4	12	20	16	52	152	73.07693
27	Ques 27	3	9	18	22	52	163	78.36538
28	Ques 28	1	6	33	12	52	160	76.92308
29	Ques 29	9	13	18	12	52	137	65.86538
30	Ques 30	7	7	15	23	52	158	75.96155
**** (Total Points Scored 'TPS' = A x 1 + B x 2 + C x 3 + D x 4)**								

A análise do quadro acima indica que apenas 28,84% dos inquiridos afirmaram que a implementação do Seis Sigma é importante para a obtenção de resultados positivos, ao passo que 50% e 15,38% afirmaram que o fazem razoavelmente bem ou em certa medida, respetivamente.

Os atributos do estilo de liderança interpessoal em seis sigma foram referidos por 42,30% e 17,30% em termos de razoavelmente bem ou em certa medida, respetivamente, e 21,15% e 42,30% dos inquiridos referiram que *os atributos orientados para as tarefas são importantes em seis sigma, em* certa medida ou razoavelmente bem, respetivamente, e que estavam positivamente correlacionados com os outros parâmetros

Numa análise mais aprofundada, foi evidente que outros parâmetros, ou seja, a *permissão e o envolvimento da gestão de topo no Seis Sigma em* grande medida nas organizações, uma vez que 42,30% dos inquiridos referiram este aspeto. Houve também 21,15%, 38,46% e 28,84% dos inquiridos que referiram o Seis Sigma como parte do sistema de gestão em certa medida, razoavelmente bem e em grande medida, respetivamente. 46,15% e 23,07% dos inquiridos referiram, respetivamente, que o Seis Sigma está ligado à estratégia da empresa em grau razoável e em grau elevado. 40,38% e 23,07% responderam que, em grande medida e numa medida razoável, os objectivos financeiros estão ligados ao Seis Sigma. Em contrapartida, 63,46% dos inquiridos afirmaram que a I&D e a formação têm um efeito razoável na implementação do Seis Sigma. 42,30% e 34,61% responderam, respetivamente, que a questão da satisfação dos trabalhadores com o Seis Sigma é razoável e em certa medida.

4.3 *Análise de correlação*

A análise de correlação foi realizada nesta secção, com o objetivo de identificar a relação entre as afirmações de entrada e de saída. Além disso, a direção da perceção foi medida utilizando a correlação, avaliando as afirmações, uma vez que todas foram medidas na mesma escala. O processo de correlação foi a Correlação de Karl Pearson com um nível de significância de 0,05.

O objetivo da matriz de correlação acima referida era estabelecer a relação e a sua direção entre os parâmetros de entrada e saída do sistema seis sigma seguidos nas organizações. A hipótese também foi formulada para a significância da relação entre os parâmetros a um nível de significância de

0,05.

Tabela 4.3 Análise de correlação

	OUTPUTS		
		O1	O2
INPUTS	I1	.606	.613
	I2	.606	.635
	I3	.550	.469
	I4	.672	.631
	I5	.614	.549
	I6	.653	.628
	I7	.679	.677
	I8	.516	.640
	I9	.607	.652
	I10	.527	.566
	I11	.528	.554
	I12	.450	.675
	I13	.527	.692
	I14	.371	.595
	I15	451	.690
	I16	.384	.590
	I17	.427	.586
	I18	.506	.709
	I19	.597	.547

	I20	.494	.647
	I21	.480	.624
	I22	.450	.553
	I23	.727	.500
	I24	.758	.554
	I25	.746	.468
	I26	.770	.553
	I27	.688	.496
	I28	.652	.564

H01: Não existe relação entre O1 e os parâmetros de entrada

A análise da matriz de correlação acima referida mostrou que a hipótese nula assumida não era aceitável, uma vez que as correlações obtidas entre o conceito de produto e todos os processos de produção eram significativas e estavam a ser afectadas na organização de forma positiva.

Concluiu-se que a correlação do benefício financeiro anual com os parâmetros *I4(r* = 0,679*), *I7(r* = 0,672*), *I23(r* = 0,727*), *I24(r* = 0,758*), *I25(r* = 0.746*), *I26(r* = 0,770*), *I27(r* = 0,688*), *I28(r* = 0,652*), *I1 e I2(r* = 0,606*), *I5*(r = 0,614*), *I6*(r = 0,653*) e *I9(r* = 0,607*) foram significativamente positivos.

H02: Não existe relação entre O2 e os parâmetros de entrada

A análise da matriz de correlação acima referida mostrou que a hipótese nula assumida não era aceitável, uma vez que as correlações obtidas entre o O2 e vários parâmetros de entrada eram significativas e estavam a ser afectadas na organização de forma positiva.

Concluiu-se que a correlação da prestação financeira média com os parâmetros *I1* (r = 0,613*), *I2(r* = 0,635*), *I4(r* = 0,631*), *I6(r* = 0,628*), *I7(r* = 0.677*), *I8(r* = 0,640*), *I9(r* = 0,652*), *I12*(r = 0,675*), *I13(r* = 0,692*), *I15(r* = 0,690*), *I18*(r = 0,709*),*I20*(r = 0,647*) e *I21* (r = 0,642*) foram significativamente positivos.

4.4 Análise de regressão

4.4.1 Benefício financeiro anual

O modelo de regressão linear múltipla foi aplicado nesta secção para desenvolver o modelo matemático entre a variável dependente como todo o processo de produção e a variável independente como todos os parâmetros.

O modelo matemático desenvolvido foi único para todos os processos de produção. A análise ANOVA foi igualmente efectuada para as significâncias do modelo de regressão e as significâncias dos parâmetros independentes foram identificadas com o teste t para os coeficientes de regressão.

Seguem-se os resultados da regressão para a variável dependente *Benefício financeiro anual* e todas as outras como variáveis independentes. O modelo de regressão desenvolvido foi significativo, uma vez que a análise ANOVA revelou um teste $F = 13,27$, $p < 0,05$. Para além disso, o modelo de regressão do *benefício financeiro anual* foi explicado em 58,2% das variâncias pelos seus preditores. Os factores de previsão identificados na análise foram *I3, I4, I5, I6, I8, I10, I13, I14, I16, I17, I18, I20, I24, I25* e *I27.*

Quadros 4.4 Análise de regressão

(a)

Model Summary				
Model	R	R Square	Adjusted R Square	Std. Error of the Estimate
1	.692	.489	.465	.508
Predictors: (Constant), Ques 1 to Ques 28				

(b)

ANOVA				
Model	Sum of Squares	Df	Mean Square	F
Regression	58.37	27	2.16	11.245
Residual	13.36	23	.582	
Total	64.73	50		
Predictors: (Constant), Ques 1 to Ques 28				
Dependent Variable: Ques 29				

(c)

	Un Standardized Coefficients		Coefficients	T
	B	Std. Error	Beta	
(Constant)	1.078182	0.287234		3.457692
I1	0.019091	0.039362	0.098969	0.423077
I2	-0.00909	0.039362	-0.06289	0.207692
I3	-0.00455	0.028723	-0.03402	1.515385
I4	0.110909	0.056383	0.536082	1.753077
I5	-0.03909	0.046809	-0.20412	1.524615
I6	0.100909	0.039362	0.537113	2.314615
I7	0.086364	0.032979	0.417526	2.37

I8	-0.03727	0.026596	-0.25979	1.253077
I9	-0.00455	0.038298	-0.03402	0.102308
I10	-0.08818	0.054255	-0.31649	1.47
I11	0.012727	0.029787	0.089691	0.400769
I12	0.044545	0.043617	0.210309	0.938462
I13	0.068182	0.042553	0.421649	1.447692
I14	-0.09	0.030851	-0.56495	2.636154
I15	-0.01182	0.061702	-0.05052	0.17
I16	-0.07818	0.05	-0.36289	1.398462
I17	0.118182	0.042553	0.557732	2.504615
I18	0.065455	0.035106	0.280412	1.656154
I19	0.028182	0.029787	0.173196	0.868462
I20	0.047273	0.041489	0.326804	1.028462
I21	-0.03	0.058511	-0.09381	0.454615
I22	-0.02364	0.031915	-0.14536	0.673077
I23	0.015455	0.046809	0.079381	0.299231
I24	0.101818	0.045745	0.682474	1.975385
I25	-0.07273	0.034043	-0.49278	1.939231
I26	-0.06727	0.067021	-0.31443	0.901538
I27	-0.04091	0.055319	-0.20619	1.439231
I28	0.028182	0.046809	0.143299	0.544615

4.4.2 Benefício financeiro médio

Seguem-se os resultados da regressão para a variável dependente *benefício financeiro médio* e todas as restantes como variáveis independentes.

O modelo de regressão desenvolvido foi significativo, uma vez que a análise ANOVA revelou um teste F = 15,17, p < 0,05. Além disso, o modelo de regressão do *benefício financeiro médio* foi explicado em 61,0% das variâncias pelos seus factores de previsão.

Os factores de previsão identificados na análise foram *I3, I4, I5, I6, I7, I8, I10, I12, I13, I14, I16,*

I17, I18, I19, I20, I24, I25, I26 e *I27*

Tabela 4.5 Análise de regressão

(a)

Model Summary				
Model	R	R Square	Adjusted R Square	Std. Error of the Estimate
1	.712	.578	.545	.515
Predictors: (Constant), Ques 1 to Ques 28				

(b)

ANOVA				
Model	Sum of Squares	Df	Mean Square	F
Regression	64.27	27	2.38	13.254
Residual	16.47	23	.716	
Total	80.74	50		

Predictors: (Constant), Ques 1 to Ques 28
Dependent Variable: Ques 30

(c)

	Un Standardized Coefficients		Coefficients	T
	B	Std. Error	Beta	
(Constant)	1.22268	0.252336		4.123853
I1	0.021649	0.034579	0.090566	0.504587
I2	-0.01031	0.034579	-0.05755	0.247706
I3	-0.00515	0.025234	-0.03113	1.807339
I4	0.125773	0.049533	0.490566	2.090826
I5	-0.04433	0.041121	-0.18679	1.818349
I6	0.114433	0.034579	0.491509	2.76055
I7	0.097938	0.028972	0.382075	2.826606
I8	-0.04227	0.023364	-0.23774	1.494495
I9	-0.00515	0.033645	-0.03113	0.122018
I10	-0.1	0.047664	-0.28962	1.753211
I11	0.014433	0.026168	0.082075	0.477982
I12	0.050515	0.038318	0.192453	1.119266
I13	0.07732	0.037383	0.385849	1.726606
I14	-0.10206	0.027103	-0.51698	3.144037
I15	-0.0134	0.054206	-0.04623	0.202752

I16	-0.08866	0.043925	-0.33208	1.66789
I17	0.134021	0.037383	0.510377	2.987156
I18	0.074227	0.030841	0.256604	1.975229
I19	0.031959	0.026168	0.158491	1.03578
I20	0.053608	0.036449	0.299057	1.226606
I21	-0.03402	0.051402	-0.08585	0.542202
I22	-0.0268	0.028037	-0.13302	0.802752
I23	0.017526	0.041121	0.072642	0.356881
I24	0.115464	0.040187	0.624528	2.355963
I25	-0.08247	0.029907	-0.45094	2.312844
I26	-0.07629	0.058879	-0.28774	1.075229
I27	-0.04639	0.048598	-0.18868	1.716514
I28	0.031959	0.041121	0.131132	0.649541

CAPÍTULO 5

CONCLUSÃO E RECOMENDAÇÕES

5.1 CONCLUSÃO

As ferramentas estatísticas utilizadas no capítulo foram: *tabela de distribuição de frequências, correlação de Karl Pearson, modelos de regressão múltipla.* A classificação do capítulo com base na análise efectuada em função dos objectivos do estudo de investigação foi a seguinte

Apenas 28,84% dos inquiridos referiram que a implementação do Seis Sigma é importante para a obtenção de resultados positivos.

Os atributos do estilo de liderança interpessoal no Seis Sigma foram referidos por 42,30% e 17,30% em termos de razoavelmente bem ou até certo ponto, respetivamente, e 21,15% e 42,30% dos inquiridos referiram que *os atributos orientados para as tarefas são importantes no Seis Sigma* até certo ponto ou razoavelmente bem, respetivamente, o que está positivamente correlacionado com os outros parâmetros. 42,30% dos inquiridos indicaram que *os atributos orientados para as tarefas são importantes no Seis Sigma em certa medida ou razoavelmente bem.* A *permissão e o envolvimento da gestão de topo no Seis Sigma é* muito grande nas organizações, uma vez que 42,30% e 38,46% dos inquiridos referiram que o Seis Sigma faz parte do sistema de gestão razoavelmente bem. 42,30% e 34,61% referiram-se a razoável e até certo ponto, respetivamente, na questão da satisfação dos colaboradores com o Seis Sigma. 63,46% referiram que, numa medida razoável, a I&D e a formação afectam a implementação do Seis Sigma. 46,15% e 23,07% referiram, respetivamente, em grau razoável e em grau elevado que o Seis Sigma está ligado à estratégia da empresa.

A conclusão da investigação é que os parâmetros como a estratégia da empresa, a orientação para as tarefas, a I&D e a formação, a satisfação dos trabalhadores são os principais parâmetros que são implementados por 28,8% das indústrias para alcançar resultados positivos. A estratégia da empresa foi implementada em grande medida nas indústrias.

5.2 ÂMBITO DE APLICAÇÃO FUTURA

- O trabalho pode ser realizado noutras partes do país.
- Para investigação futura, podem ser estudados vários outros tipos de indústrias.
- Podem ser efectuados estudos de caso com base no presente trabalho.

APÊNDICE A

S. NO	FACTORS	Not at all	To some extent	Reasonably well	To great extent
1.	How important is compliance focused leadership style attributes in achieving positive results?				
2.	During initiation, how important is six sigma in achieving positive results?				
3.	Is Six sigma a Norm in industry?				
4.	How important is interpersonal leadership style attributes in six-sigma?				
5.	How important is Transactional (exchange oriented) in six-sigma?				
6.	How important is Transformal (change oriented) style in six-sigma?				
7.	How important is task oriented attributes in six-sigma?				
8.	When considering top management decision making, how important is Six sigma the priority?				
9.	Is Six Sigma fits with your organization's strategy?				
10.	Top management agreed to implement Six sigma?				
11.	How important is employees understand the need to implement Six sigma in six-sigma?				
12.	The vision conveys the purpose of the change, is it important to achieve good results?				
13.	Company communications provide information about Six sigma?				
14.	Are employees empowered to make project decisions independently?				
15.	Are Employees encouraged to participate in Six Sigma projects?				
16.	To what extent project achievement is recognised by company?				

17.	To what extent project achievement is rewarded by company?				
18.	Is six sigma accepted as a part of management system?				
19.	When considering project selection, are projects linked to the company's strategy?				
20.	In project selection,does projects have a well-defined scope?				
21.	How Six Sigma projects are managed by top management?				
22.	Does six sigma project teams include subject matter experts?				
23.	Does six sigma project teams have active participation?				
24.	Considering Six Sigma roles and responsibilities,to what extent top management selects the projects?				
25.	To what extent Financial objectives are considered while implementing six sigma?				
26.	How important is practitioner'scapability in project task facilitation and six sigma tools?				
27.	How satisfied are employees with yours six sigma projects?				
28.	To what extent R&Dand training effect Six Sigma implementation?				

REFRÊNCIAS

- Alexandra Tenera , Luis Carneiro Pinto, "Um modelo de melhoria da gestão de projectos Lean Six Sigma (LSS)" , *Procedia - Social and Behavioral Sciences* ,119 (2014), pp: 912 - 920.
- Ali Erdogan, Hacer Canatan, "Pesquisa de literatura que consiste nas áreas de utilização do Seis Sigma" , *Procedia - Social and Behavioral Sciences,* 195 (2015), pp: 695 - 704.
- Amit Kumar Singh e Dr. Dinesh Khanduja," Defining Quality Management in Auto Sector: A six-sigma perception", *Conferência Internacional sobre os avanços na engenharia de fabrico e de materiais, AMME 2014, Procedia Materials Science,* 5 (2014), pp: 26452653.
- Ang Boon Sin , Suhaiza Zailani , Mohammad Iranmanesh , T.Ramayah," Structural equation modelling on knowledge creation in Six Sigma DMAIC project and its impact on organizational performance" , *International journal Production Economics,* 168(2015), pp:105-117.
- Bin Han, Wenjun Zhang, Xiwen Lu, Yingzi Lin," On-line supply chain scheduling for single-machine and parallel-machine configurations with a single customer :Minimizing the make span and delivery cost" , *European Journal of Operational Research,* 244 (2015), pp:704-714.
- Brian W.Jacobs, Morgan Swink, Kevin Linder man, "Performance effects of early and late Six Sigma adoptions" , *Journal ofOperationsManagement,* 36(2015), pp:244-257.
- Chia Jou Lina, F. Frank Chen, Hung-da Wan, Yuh Min Chen, Glenn Kuriger," Continuous improvement of knowledge management systems using Six Sigma methodology", *Robotics and Computer-Integrated Manufacturing,* 29 (2013) ,pp:95-103.
- Erin M. Mitchell, Jamison V. Kovach , "Improving supply chain information sharing using Design for SixSigma" , *Investigaciones Europeas de Direction y Economia de la Empresa,* xxx (2015), pp: xxx-xxx.
- James Roh , PaulHong , HokeyMin," Implementation of a responsive supply chain strategy in global complexity :The case of manufacturing firms ," *International Journal Production Economics,* 147(2014), pp:198-210.
- J. Chen e A. Paulraj," Understanding supply chain management: critical research and a theoretical framework" , *international journal production research,* 2004, vol. 42, pp. 131-163: 131-163.
- Hikmet Erbiyik, Muhsine Saru ," Six Sigma Implementations in Supply Chain: An Application for an Automotive Subsidiary Industry in Bursa in Turkey" , *Procedia - Social and Behavioral Sciences* ,195 (2015), pp: 2556 - 2565.
- Khaled Mili, "Six Sigma Approach for the Straddle Carrier Routing Problem" , *Procedia - Ciências Sociais e Comportamentais,* 111 (2014), pp: 1195 - 1205.
- Lubica Simanova ," Specific Proposal of the Application and Implementation Six Sigma in Selected Processes of the Manufacturing" , *Procedia Economics and Finance,* 34 (2015), pp: 268 - 275.
- Morgan Swinka e Brian W. Jacobs. Six Sigma adoption," Operating performance impacts and contextual drivers of success", *Journal of Operations Management,* 30 (2012) , pp:437-453.
- Singh, CD; and Khamba, JS (2014), "Analysis of Manufacturing Competency for an Automobile Manufacturing Unit", *International Journal of Engineering, Business and Enterprise Applications,* Vol. 9, Issue 1, June-August 2014, pp: 44-51.
- Singh, CD; e Khamba, JS (2014), "Analysis of Strategic Success for an Automobile Manufacturing Unit", *International Journal of Engineering, Business and Enterprise Applications,* Vol. 9, Issue 2, June-August 2014, pp: 104-111.
- Singh, CD; e Khamba, JS (2014), "Evaluation of Manufacturing Competency factors on performance of an Automobile Manufacturing Unit", *International Journal for MultiDisciplinary Engineering and Business Management,* Volume-2, Issue-2, June-2014, pp: 4-16.
- Singh, CD; and Khamba, JS (2014), "Evaluation of Strategic Success factors on performance of an Automobile Manufacturing Unit", *International Journal of Engineering Research&*

Management Technology, Volume-1, Issue-4, July-2014, pp: 144-157.

- Singh, CD; Khamba, JS; Singh S, e Singh N (2014), "Exploring Manufacturing Competencies of a Trator Manufacturing Unit", *International Journal of Applied Studies,* Volume: 1, Issue: 1, Jan 2014, pp: 53-62.
- Singh, CD; Singh, P; e Khamba, JS (2014), "To study the role of manufacturing competency in the performance of Preet Trator Manufacturing Unit", *International Journal for Multi-Disciplinary Engineering and Business Management*, Volume-2, Issue- 2, June-2014, pp: 4-7
- Singh, CD; Singh, P; e Khamba, JS (2014), "Estudar o papel da competência de fabrico no desempenho da Unidade de Fabrico de Tractores Sonalika", *Jornal Internacional de Engenharia, Negócios e Aplicações Empresariais,* Vol. 8, Edição 1, março-maio, 2014,pp.62-66
- Singh, CD; e Khamba, JS (2015), "Competency Strategy Model Analysis using SEM", *International Journal for Multi-Disciplinary Engineering and Business Management*, Volume-3, Issue-3, July2015, pp: 37-41.
- Singh, CD; and Khamba, JS (2015), "AHP Analysis of Manufacturing Competency and Strategic Success Factors", *International Journal in Applied Studies and Production Management*, Volume-1, Issue-2, May-August 2015, pp: 357-373.
- Singh, CD; e Khamba, JS (2015), "Manufacturing Competency & Economic Effects: A Review", *Journal of Emerging Trends in Engineering, Science and Technology*, Vol. 3, No. 2, setembro de 2015, pp: 16-20
- Singh, CD; e Khamba, JS (2015), "Competência Tecnológica e Gestão Estratégica: A Review",*Journal of Emerging Trends in Engineering, Science and Technology*, Vol. 3, No. 2, September 2015, pp: 21-26
- Singh, CD; e Khamba, JS (2015), "Competency Development through Strategic Management", *International Journal for Multi-Disciplinary Engineering and Business Management*, Volume-3, Issue-3, setembro de 2015, pp: 129-132.
- Singh, CD; e Khamba, JS (2015), "A Case Study of a Two Wheeler Manufacturing Unit on Manufacturing Competency & Strategic Success",*International Journal of Engineering Research in Africa (Trans Tech Publications),* Vol. 19, October 2015, pp: 138-155.
- Singh, CD; e Khamba, JS (2015), "Structural Equation Modelling for Manufacturing Competency and Strategic Success Factors",*International Journal of Engineering Research in Africa (Trans Tech Publications)*, Vol. 19, October 2015, pp: 156-170.
- Singh, CD; e Khamba, JS (2015), "Effect of Manufacturing Competency on Strategic Success: A Case Study in an Agricultural Manufacturing Unit", *International Journal of Physical and Social Sciences*, Vol. 5, Issue 10, October 2015, pp: 544-571
- Singh, CD; e Khamba, JS (2015), "Role of Manufacturing Competency in Strategic Success of a Commercial Vehicle Manufacturing Unit: A CaseStudy", *International Journal of Management, IT & Engineering,* Vol. 5, Issue 10, October 2015, pp: 24-41
- Singh, CD; Khamba, JS e Kaur H (2015), "Exploring Manufacturing Competency and Strategic Success: A Review", *2nd International Conference on Production & Industrial Engineering 2015proceedings,13* (3) (2015), pp: 1655-1658.
- Singh, CD; Khamba, JS; Singh, R e Singh, N (2014), "Exploring Manufacturing Competencies of a Two Wheeler Manufacturing Unit", *27ª Conferência Internacional sobre CAD/CAM, Robótica e Fábricas do Futuro 2014 IOP Publishing IOP Conf. Series: Ciência e Engenharia de Materiais,* 65 (2014), pp: 1-9.
- Singh H ,Khamba, JS; Singh, CD (2013), "Exploring Manufacturing Competencies of Car Manufacturing Unit", *Conferência Internacional sobre Avanços e Tendências Futuristas em Engenharia Mecânica e de Materiais,* (3-6 de outubro de 2013), pp: 88-97.
- Sherif A. Masoud , Scott J. Mason ," Integrated cost optimization in a two- stage,automotive supply chain",*Computers &Operations Research,* 67(2016), pp:1-11.
- Sri Indrawati, Muhammad Ridwansyah ," Manufacturing Continuous Improvement Using Lean Six Sigma: An Iron Ores Industry Case Application" , *Procedia Manufacturing,4* (2015), pp:528 - 534.

- Tariq Aldowaisana, Mustapha Nourelfathb, Jawad Hassan," Six Sigma performance for non-normal processes", *European Journal of Operational Research*, 247 (2015), pp: 968-977.
- V. Arumugam , Jiju Antony , Kevin Linderman ," The influence of challenging goals and structured method on Six Sigma project performance: A me diate d moderation analysis" , *European Journal of Operational Research*, 0 0 0 (2016), pp: 1-12.
- Wantao Yu, Roberto Chavez, Mengying Feng, Frank Wiengarten," Integrated green gestão da cadeia de abastecimento e desempenho operacional", *Supply Chain Management:An International Journal,* Volume 19 , 2014, pp: 683-696.

Printed by Books on Demand GmbH, Norderstedt / Germany